FORSCHUNGSBERICHTE DES LANDES NORDRHEIN-WESTFALEN

Nr. 2302

Herausgegeben im Auftrage des Ministerpräsidenten Heinz Kühn
vom Minister für Wissenschaft und Forschung Johannes Rau

Dipl.-Chem. Dr. rer. nat.
Hans Günther Fröhlich

Forschungsinstitut der Hutindustrie e.V. Aachen

Über die Klassierung von Wolle und Tierhaaren

Springer Fachmedien Wiesbaden GmbH

ISBN 978-3-531-02302-1 ISBN 978-3-663-06803-7 (eBook)
DOI 10.1007/978-3-663-06803-7

Ursprünglich erschienen bei Westdeutscher Verlag Opladen 1973

Inhalt

1. Einleitung und allgemeine Betrachtungen zur Klassierung

Die Klassierung von Naturfasern ist auch heute noch immer ein weites Feld notwendiger wissenschaftlicher Forschung. Trotz zahlreicher Untersuchungen und sonstiger Bemühungen ist man noch weit von befriedigenden Lösungen entfernt. Die größten Fortschritte hat man bisher wohl bei der Baumwolle und der Schafwolle erzielt.

Die bei der Klassierung zu erfassende und beschreibende "Qualität" der Faser ist auf jeden Fall eine Funktion verschiedener Eigenschaften der zu klassierenden Faser. Als wichtige Eigenschaften sind anzusehen:

Feinheit und deren Gleichmäßigkeit im Los,
Länge und deren Gleichmäßigkeit im Los,
Kurzfaseranteil,
Kräuselung, Elastizität, Plastizität, Weichheit,
Festigkeitseigenschaften,
Farbe, Glanz, Style und Reinheit.

Der Klassierer kann nun nur auf Grund seiner angeborenen und erworbenen Erfahrung versuchen, die Gesamtzahl der unterschiedlichen Eigenschaften zu erfassen bzw. diese mit Standardmuster vergleichen und auf diese Weise in ein Qualitäts-System einordnen. Diese Beurteilungen sind verständlicherweise nicht unerheblichen Schwankungen unterworfen, die nur zum Teil mit der Person des Klassierers zusammenhängen, dagegen nicht unerheblich durch den Verwendungszweck der Faser mitbestimmt werden. Diese nicht unerhebliche Unsicherheit der subjektiv ermittelten Werte wird nicht nur vom wissenschaftlichen, sondern auch vom kaufmännischen und wirtschaftlichen Standpunkt aus kritisiert. Es ist daher besonders wünschenswert, daß die Tätigkeit der Klassierer durch geeignete, wissenschaftlich gut reproduzierbare Prüfmethoden ergänzt wird, wie dies z. B. bei der Baumwolle durch Bestimmung des Pressley-Index (Bündelfestigkeit) und des Mikronaire-Wertes (Feinheit) bereits erfolgt.

Wenn man auch die übliche, weitgehend auf Emperie fußende Klassierung nicht ohne weiteres ersetzen kann, so sollte man diese zumindest durch gut reproduzierbare chemische und technologische Teste ergänzen. Die "Qualität" einer Faser läßt sich erst dann einigermaßen objektiv beschreiben, wenn möglichst viele Eigenschaften der Einzelfaser bekannt sind. Bei der großen Anzahl der hierfür durchzuführenden Messungen ist dies jedoch praktisch kaum durchführbar. Daher muß man zunächst einmal feststellen, welche Eigenschaften in enger Beziehung zu einander stehen, so daß man dann mit der Bestimmung weniger Eigenschaften zu einer brauchbaren Beschreibung der Faser-Qualität gelangt.

Wenn man sich mit der Klassierung, wie sie bei verschiedenen Fasern üblich ist, befaßt, so stellt man zunächst einmal fest, daß in der Praxis für ein und dieselbe Faser zahlreiche Systeme im Handel angewandt werden, die zumeist von Land zu Land verschieden sind. Einheitliche, verbindliche Normen gibt es eigentlich nicht. Da sich die verschiedenen Systeme eingebürgert haben, und der Handel sich hierauf eingestellt hat, ist es schwierig, diese einfach zu ersetzen. Wenn wir z. B. die Wolle betrachten, so klassiert man z. B. nach Feinheit und Länge, wobei die wichtigsten Erzeugerländer ihre eigenen Systeme haben (vgl. hierzu Tab. 1). Die Einteilung der Wolle kann aber außerdem nach folgenden Gesichtspunkten erfolgen:

1. Bezeichnung nach Alter und Geschlecht der Tiere.
2. Nach dem Zustand der Wolle (Schweißwolle, Schmutzwolle usw.).
3. Nach der Art der Gewinnung (Schurwolle, Hautwolle, Gerberwolle usw.).
4. Nach dem Vliesteil (Körperteil).
5. Nach vegetabilischen Verunreinigungen.
6. Nach den Verwendungsmöglichkeiten.
7. Nach Zucht-, Haltungs- und Wollbehandlungsfehler.

Wie wir sehen, lassen sich zahlreiche Bewertungsmöglichkeiten zur Sortierung und somit für die Klassierung heranziehen.

Der Wollhändler im allgemeinen und der Wollverarbeiter im besonderen kaufen eine bestimmte Wolle meist für einen bestimmten Verwendungszweck, wie z. B.

Kammgarn- und Streichgarnverfahren,
Filz- oder Filztuchherstellung.

Jede dieser Verwendungsmöglichkeiten erfordert besondere Wolleigenschaften, die bereits bei der Beurteilung der Schweißwolle berücksichtigt werden müssen. Bei der praktischen Wollbeurteilung stehen im Vordergrund des Interesses:

Feinheit,
Länge,
Kräuselung und Ausgeglichenheit,
Reißkraft,
Beschaffenheit und Rendement.

An dieser Art der Beurteilung bei den Wollauktionen wird sich kaum etwas ändern. Die vom Handel gekauften Ballen gelangen dann zur Verladung. Der absendende Wollhändler garantiert dem Empfänger die exakte Einhaltung von Feinheit, Länge, Aussehen (Style), Farbe, Anteil an pflanzlichen Verunreinigungen, Anfall von Schmutz, Fett und Schweiß, sowie des Gewichtes der Sendung. Nach der Wäsche und dem Kämmen wird die Wolle nochmals sortiert. Jetzt erst läßt sich exakt überprüfen inwieweit die Wolle den Angaben entsprochen hat.

Zur genauen Überprüfung können nun exakte Prüfmethoden eingesetzt werden, was heute normalerweise auch der Fall ist. Diese stehen leider beim Einkauf der Rohwolle noch nicht zur Verfügung, so daß hier immer noch die empirischen Methoden und Erfahrungen mit Hand und Auge im Vordergrund stehen. Eine wirkliche Änderung kann erst dann eintreten, wenn die

Tab. 1: Zusammenstellung und Vergleich der Wollklassifikation wichtiger Wollhandelsländer nach der Länge und Feinheit (1)

Länge	Feinheit	Argentinien	Uruguay	Brasilien	England	USA	Frankreich	Deutschland	Australien
5- 8	16-18	Extrafina	-	Merina alta	80's	very fine XXX (80's)	130	AAA	Combing merinos (80's)
3- 5	19-20	Superfina	Merina	Corrente	7/0/80's	fine XX (70's)	120	AA	Combing merinos (70's)
2- 3	21-22	Fina	Sin Finura	Merina curta	64's	fine medium X (64's)	110/115	A	Clothing merinos (64's)
6- 8	23-24	Prima Merina	Prima merina	Prima A	60/64's	High Half Blood (60's)	Prime croisé	A/AB	-
8-10	25-26	Prima cruza	Prima cruza	Prima B	60's	Half Blood (60's)	croisé I	AB/B	Low merinos (60's)
10-12	27-28	Cruza fina I	Prima cruza B	Cruza I	58's	3/8 blood (56's)	croisé II	B	Crossed come back (58's)
10-12	29-30	Idem II	Cruza I	Cruza II	56's	High 1/4 blood (50's)	croisé III	C 1	Crossed come back (56's)
12-15	31-33	Cruza mediana III	Cruza 2/3	Cruza III	48/50's	1/4 blood (48's)	croisé III	C 2/D	Crossed Lincoln (50's)
15-18	34-36	Cruza Gruesa 4	Cruza 4	Cruza 4	44/46's	Low 1/4	croisé IV	D 1	Rommey Marsh (46's)
16-18	37-39	Idem 5	Cruza 5	Cruza 5	44's	Common (44's)	croisé V	D 2	-
18-20	40-41	Idem 6	Cruza 6	Cruza 6	40's	Braid (40's)	croisé V	E	-
20-22	42-44	Idem 6	Cruza 6	Cruza 6	36's	-	croisé VI	EE	Lincoln (36's)

Die Länge ist in cm und die Feinheit in Mikron angegeben

in der Praxis üblichen Zucht- und Verkaufsprogramme geändert werden. Verständlicherweise spielen hier auch finanzielle Probleme eine Rolle. Bei höheren Preisen ließen sich bei der Klassierung und Qualitätsauswahl geeignete Prüfmethoden einbauen, so daß bestimmte Werte auch garantiert werden könnten. Ansätze hierzu sind seit längerer Zeit bekannt, da die moderne Verarbeitung eine immer genauere Kenntnis verschiedener chemischer und physikalischer Kennzahlen erforderlich macht.

Es steht außer Zweifel, daß die "Qualität" einer Wolle - und dies gilt ganz allgemein auch für die anderen Tierhaare - nur schwer zu beschreiben ist. Es wird sogar behauptet, daß die "Qualität" überhaupt nicht meßbar sei. Vom wissenschaftlichen, technischen aber auch wirtschaftlichen und kaufmännischen Standpunkt aus gesehen ist aber nicht zu bestreiten, daß die Beurteilung der "Qualität" auf rein subjektiver Basis als unbefriedigend anzusehen ist. Es ist daher unbedingt anzustreben, daß man bei der Beurteilung der "Qualität" mit quantitativen Methoden arbeitet. Man hat es dann mit Zahlenwerten zu tun, denen nach richtiger Ausarbeitung der Meßverfahren eine gute Reproduzierbarkeit und somit eine hohe Verläßlichkeit zukommt.

Aus zahlreichen Veröffentlichungen ist bekannt (1), daß die Qualitätsbeurteilung durch den Klassierer keineswegs so sicher ist, wie üblicherweise angenommen wird. Die subjektive, qualitative Beurteilung der "Qualität" durch den Fachmann hat jedoch den großen Vorteil, daß sie außerordentlich rasch und ohne Apparate vorgenommen werden kann. Sie läßt sich daher grundsätzlich nicht ohne weiteres ersetzen. Andererseits ist es aber wünschenswert, auch die Möglichkeit einer objektiven messenden Qualitätsbeurteilung zu haben. Der Kompromiß zwischen den Meinungsverschiedenheiten über die quantitative Erfassung der "Qualität" dürfte darin liegen, daß man zunächst einmal die für die Wolle und die anderen Tierhaare wesentlichen Merkmale der "Qualität" quantitativ erfaßt. Je vollständiger diese qualitätsbestimmenden Eigenschaften erfaßt werden können, desto zuverlässiger fällt die Bewertung aus. Eine Auswahl der wichtigsten Eigenschaften für die einzelne Faser ist der nachfolgenden Tab. 2 (2) zu entnehmen. Wenn auch die Übersicht zunächst den Eindruck erweckt, daß sich die Qualität der Wollen und Tierhaare kaum mit einigermaßen vertretbarem Aufwand messen läßt, so ist zu berücksichtigen, daß zahlreiche Eigenschaften wechselseitig miteinander verbunden sind, so daß in Wirklichkeit nur ein Teil ermittelt werden muß. Zu diesen Eigenschaften dürften bei der Wolle als auch bei den Tierhaaren

die Feinheit,
die Länge und
die Kräuselung

zählen. Diese Eigenschaften stehen wiederum in einer gewissen Beziehung zu einander. So nimmt mit abnehmender Feinheit die Länge zu und die Kräuselung ab. Da jedoch die Faserlänge in entscheidendem Maß vom Zeitpunkt der Schur abhängt, muß die Länge unabhängig von der Feinheit ermittelt werden.

Durch moderne Methoden der Probenahme (Kernbohrmethode) dürfte es heute ohne weiteres möglich sein, bereits bei der klassischen Sortierung und Klassierung durch Auge und Hand diese Beurteilung durch zuverlässige

Tab. 2: Eigenschaften der Einzelfaser (2)

A Vektorielle Eigenschaften	
a) Geometrische Eigenschaften	mittlere Feinheit Gleichmäßigkeit der Feinheit (Variationskoeffizient) Faserquerschnittsform mittlere Faserlänge Gleichmäßigkeit der Länge (Variationskoeffizient) Kurzfaseranteil Zahl der Kräuselungsbögen/cm Tiefe der Kräuselung Verhältnis der Längen der gestreckten und gekräuselten Faser
b) Zugfestigkeitseigenschaften (statische Beanspruchung trocken und naß)	Entkräuselungsspannung Kräuselungsbeständigkeit Elastizitätsmodul Young'scher Modul Verlauf der Spannungs-Dehnungskurve KD-Linie mit Kennwerten Bruchspannung Bruchdehnung Elastizitätsgrad Plastizität (Kriechen bei konst. Last)
c) Festigkeitseigenschaften bei Wechselbeanspruchung	Dauerfestigkeit usw.
d) Biegeeigenschaften	Biegesteifigkeit u. Biegemodul Dauerbiegefestigkeit Knittererholungswinkel
e) Farbe	Weißgehalt Gehalt an dunklen Haaren an markhaltigen Haaren an Stichelhaaren
f) Glanz	
g) Reibungskoeffizienten	
B Eigenschaften der Fasersubstanz	
a) Chemische Zusammensetzung	Gehalt an Schwefel, Cystin, Cystinsäure, Lanthionin, Tryptophan usw.
b) Löslichkeiten	Alkalilöslichkeit Säurelöslichkeit Harnstoff-Bisulfit-Löslichkeit usw.
c) Hygroskopizität	
d) Beimengungen	Fettgehalt pH-Wert des wäßrigen Auszuges Säuregehalt Alkaligehalt usw.

Prüfmethoden zu ergänzen und auf diese Weise die "Qualität" weit zuverlässiger als bisher zu beschreiben. Sicherlich würde die Auswertung dieser Testergebnisse in Zukunft zu einer Vereinfachung und somit auch zu einer weitgehend einheitlichen Klassierung führen. Die heute noch teilweise recht aufwendigen Prüfmethoden lassen sich in Zukunft sicherlich vereinfachen oder sogar automatisieren, was die Klassierung erheblich vereinfachen und vor allem auch auf eine sicherere Basis stellen würde. Der hiermit verbundene finanzielle Aufwand würde sich mehr als bezahlt machen. Bei der Qualitätsbeschreibung gewaschener oder karbonisierter Wollen ist die Angabe bestimmter chemischer und physikalischer Kennzahlen, wie

Alkalilöslichkeit,
Fettgehalt,
pH-Wert und Säuregehalt

bereits unentbehrlich (3).

Während der letzten Jahre wurden vor allem in Australien wissenschaftliche Untersuchungen mit dem Ziel durchgeführt, die zum Verkauf angelieferte Wolle bereits vor der Auktion zu testen und mit einem Zertifikat zu versehen, das alle wichtigen und meßbaren Qualitätseigenschaften ausweist. Der Käufer braucht dann nur noch die nicht meßbaren Qualitätseigenschaften wie

den Style (das Aussehen),
die Zucht,
den Griff und die Farbe und
den Standard des Züchters

visuell beurteilen.

Die Vorprüfung der Wolle vor dem Verkauf obliegt dem "Objective Measurement Committee", das inzwischen versuchsweise eine Teststraße in Betrieb genommen hat. Am Anfang steht hier die automatische Kernbohrmaschine. Die zur Prüfung gelangenden Ballen (ca. 120/Stunde) werden zunächst auf 25 Zoll zusammengepreßt und mittels 2 Bohrer Proben entnommen, die automatisch ausgestoßen und in einem Plastikbeutel versiegelt werden. Alle zu einem Los zählenden Proben werden anschließend in einer Mischmaschine gleichmäßig vermischt (ärodynamisch). Von dort gelangt das Muster in eine weitgehend automatisierte Anlage, in der gewaschen, getrocknet und konditioniert wird. Anschließend wird der Vegetabiliengehalt des Wollmusters bestimmt. Hierfür nutzt man das unterschiedliche spezifische Gewicht der Wolle und der Vegetabilien aus. Man schneidet das Wollmuster auf ca. 0, 5 mm Länge und gibt das Meßgut in eine Flüssigkeit, deren spezifisches Gewicht zwischen beiden Komponenten liegt. In der Flüssigkeit schwimmt die Wolle oben, und die Vegetabilien sinken nach unten. Der erreichte Trennungseffekt ist nahezu vollständig. Für die nachfolgende Feinheitsbestimmung wird noch nach neuen Wegen gesucht. Die zur Zeit übliche Airflow-Methode erfordert eine sehr mühsame und aufwendige Aufbereitung des Meßgutes. Um das vom vorangegangenen Arbeitsgang kurzgeschnittene Meßgut verwenden zu können, hat man ein Schall-Feinheitsmeßgerät (sonic finess meter) entwickelt. Hierbei geht der Luftstrom nicht nur in einer Richtung, wie beim Air-Flow-Gerät, sondern alternierend. Die bisherigen, sehr ermutigenden Versuchsergebnisse mit dieser Methode haben gezeigt, daß sich das kurzgeschnittene Material genau so verhält, wie das ungeschnittene Meßgut.

Die weitgehend automatisch arbeitende Teststraße ermöglicht die Rendementsfeststellung, die Bestimmung des Vegetabiliengehaltes sowie der Feinheit. Bisher hat sich vor allem die Feststellung des Rendements in der Praxis bestens bewährt. Anders steht es jedoch mit der Feststellung des Vegetabiliengehaltes. Hierbei interessiert nämlich nicht nur die Gesamtmenge, sondern vor allem, welche Art von Vegetabilien in welchen %-Sätzen vorhanden sind. Der Käufer muß hier also noch weiterhin die breite Palette an möglichen Vegetabilien visuell erfassen und beurteilen. Bei der Feinheit interessiert neben der mittleren Feinheit, wie sie beim Schallfeinheitsmeßgerät anfällt, vor allem auch die Verteilung im ganzen Los. Die Erweiterung der Untersuchungen auf die Bestimmung der Faserlänge bereitet noch erhebliche Schwierigkeiten. Hierbei handelt es sich vor allem um die Probenahme und das Vermeiden jeglicher Faserverkürzungen.

Neben den Australiern bemühen sich vor allem auch die Neuseeländer um die Entwicklung geeigneter Prüfmethoden für das Testen vor der Auktion. In diesem Zusammenhang sei hier nur auf die Bestimmung der Faserfeinheit als auch der Faserlänge hingewiesen, da man hier andere Wege beschritten hat. Möglicherweise lassen sich die in beiden Ländern entwickelten Verfahren zu einer Teststraße kombinieren. (4, 5)

Die in Neuseeland entwickelte Methode zur Feinheitsbestimmung erlaubt gleichzeitig auch die Feststellung der Feinheitsverteilung. Bei diesem Verfahren werden einige Gramm Faser mittels eines Mikrotoms auf eine Länge von 0,4 mm geschnitten. Diese Faserstückchen werden nach entsprechender Aufbereitung auf einen Film gegeben, mittels eines Stromstoßes in gleiche Richtung gerichtet und fotographiert. Der Film wird entwickelt, vergrößert und von einer Fernsehkamera gefilmt. Dieser Fernsehfilm wird dann elektronisch abgetastet. Bei jedem Durchlauf verstellt sich die Elektronik automatisch um 2 Mikron Feinheitsdifferenz. Das innerhalb jeder Feinheitsgruppe festgestellte Zählergebnis wird ausgedruckt. Diese Zahlenreihen werden dann in einen Computer gegeben, der das entsprechende Feinheitsdiagramm aufzeichnet. Die ganze Messung einschließlich Diagramm dauert ca. 10 Minuten.

Die für die Längenverteilung und Längenmessung entwickelte Apparatur ist demgegenüber sehr einfach. Aus dem mittels einer Harpune aus einem Ballen von Hand gezogenem Muster werden von Hand 70 Rohwollstapel möglichst repräsentativ ausgesucht. Diese Stapel gibt man nacheinander durch eine Maschine, wobei der Stapel beim Durchpassieren zwischen zwei Leitbänder mit Lichtstrahlen abgetastet und die hierbei festgestellte Länge ausgedruckt wird. Die so erhaltenen Längen können dann beliebig ausgewertet werden (Mittelwert als auch Stapelverteilungsdiagramm).

Die konsequente Weiterführung der hier geschilderten Untersuchungen in beiden Ländern wird dazu führen, daß man in absehbarer Zeit die Wollschur auf Muster, denen Prüfzertifikate beigegeben sind, verkaufen wird. Die beste Lösung wird jedoch darin zu suchen sein, die wissenschaftlichen Methoden durch visuelle Beurteilungen sinnvoll zu ergänzen.

2. Experimenteller Teil

2.1 Chemische Teste

2.1.1 Alkalilöslichkeit nach Harris (6)

2.1.2 Säurelöslichkeit nach Zahn (7)

2.1.3 Harnstoff-Bisulfitlöslichkeit (8)

2.1.4 Cystingehalt (9)

2.2 Physikalische Teste

2.2.1 Wasserrückhaltevermögen (Quellung) nach dem Zentrifugenverfahren. Hierfür wurden die Proben 24 Stunden in destilliertem Wasser, Flotte 1:100 belassen und anschließend während 3 Minuten bei 3500 U/min geschleudert und bei 105° getrocknet.

2.2.2 Sorptionsvermögen unter Normbedingungen (10)

2.2.3 Filzvermögen in Anlehnung an den Aachener Schütteltest (11)

2.2.4 Bestimmung der Stapellänge
Faserlänge nach dem Stapelziehverfahren nach Zweigle (12)

2.2.5 Bestimmung der Feinheit
Feinheit (Haardurchmesser) nach der Projektionsmethode (13)

2.2.6 Bestimmung des Fettgehaltes
Fettgehalt nach der Dichlormethanmethode (14)

2.2.7 Zugversuche, trocken und naß
Zugversuche (Reißkraft und Reißdehnung, trocken und naß) auf einem Gerät mit konstanter Dehnungszunahme (Fafegraf 4) bei 10 mm Einspannlänge. Je Probe 100 Einzelversuche

Die in den Tabellen aufgeführten Werte sind Mittelwerte aus jeweils 3 Einzelbestimmungen.

3. Die Klassierung von Tierhaaren

Während man während der letzten Jahre erfolgreiche Untersuchungen über Möglichkeiten einer auf technisch-wissenschaftlicher Basis beruhenden Klassierung von Wolle in Angriff genommen hat, trifft für die anderen Tierhaare gerade das Gegenteil zu. Diese Tatsache führen wir vor allem darauf zurück, daß die Wolle bei weitem die wichtigste tierische Faser darstellt und zwar nicht nur wegen ihrer hervorragenden Eigenschaften, sondern auch von der Menge her gesehen. Bei dem wesentlich geringerem

Aufkommen bei den anderen Tierhaaren wären entsprechende Untersuchungen auch viel zu kostspielig. Man wartet zunächst einmal ab, wie die Ergebnisse der bei Wolle laufenden Untersuchungen ausfallen. Möglicherweise lassen sich die eine oder andere Testmethode übertragen.

Im Folgenden soll über die Möglichkeiten der Klassierung und Sortierung von Tierhaaren gesprochen werden, wobei auch die chemisch-physikalisch meßbaren Qualitätsmerkmale berücksichtigt werden sollen. Die moderne Verarbeitung der Spinnstoffe verlangt heute eine immer bessere und genauere Kenntnis der verschiedenartigen chemischen und physikalischen Eigenschaften, so daß man diese Eigenschaften irgendwie bereits bei der Klassierung entsprechend berücksichtigen sollte.

3.1 Feine Tierhaare

3.1.1 Mohair

Unter Mohair verstehen wir das lange seidige Haar der Angoraziege. Es stellt eine besonders wertvolle Faser dar, die überall dort Verwendung findet, wo man besondere Ansprüche hinsichtlich Haltbarkeit, Scheuerfestigkeit und Standfestigkeit stellt. Als Haupterzeugerländer gelten die Türkei, USA und Südafrika. Die Klassierung ist je nach dem Erzeugerland verschieden und berücksichtigt vor allem den Zwischenraum von Schur zu Schur, sowie das Alter der Tiere (Jungtiere und Elterntiere). In der Türkei erfolgt die Schur im Gegensatz zu den USA und Südafrika nicht zweimal sondern nur einmal im Jahr. Mohair ist normalerweise rein weiß und glänzend, kommt aber in der Türkei auch in den Farben grau, braun und schwarz vor. Die feineren Qualitäten sind markfrei und weisen einen hohen Naturglanz auf. Die besten Qualitäten kommen aus der Türkei, während die USA-Qualitäten merklich geringer sein sollen. Da in der Türkei nur einmal/Jahr geschoren wird, kommt von dort auch das längste Haar. (15)

In den USA klassiert man in Kid- und Adult-Qualitäten.

1. Kid-Qualität	Herbst, 1. Schur, 6-7 Monate
2. Kid-Qualität	Frühjahr, 2. Schur, 12 Monate
1. Adult-Qualität	Herbst-Schur
2. Adult-Qualität	Frühjahrs-Schur

Ähnlich klassiert man auch in Südafrika.

	Feinheit in Mikron	Länge (cm)
Summer-Kid, weiß 1. Schur, 6-7 Monate	26-28	12-17
Winter-Kid, weiß glänzend, 2. Schur, 12 Monate	31-32	12-17
Summer young goats, weiß, glänzend, 3. Schur, 18 Monate	32-35	15-17
Winter Hair, weiß, weich, glänzend, 4. Schur, 24 Monate	35-41	12-17
Summer Hair, weiß, weich, glänzend, 5. Schur 30 Monate	36-40	12-17

Tab. 3: Chemische und physikalische Eigenschaften von Mohair verschiedener Provenienz (15)

Bezeichnung, Herkunft	Feinheit in Mikron	Länge in cm	Cystingehalt in %	HBL-Zahl in %	Alkalilöslichkeit in %	Säurelöslichkeit in %	Quellung in %
USA, weiß, Kammzug	31,9	-	10,8	61,5	14,2	10,2	37,5
USA, weiß, Kammzug	34,8	-	10,4	55,8	15,9	11,9	38,5
USA, weiß, Kammzug	36,2	-	11,3	64,2	12,6	10,3	35,8
USA, weiß, Kammzug	36,6	-	10,6	68,8	16,3	11,6	39,4
USA, weiß, Kammzug	36,7	-	10,7	60,1	17,2	12,4	46,7
Türkei, Kid 1, lose	26,3	-	10,7	64,2	23,0	12,1	45,8
Türkei, Kid 2, weiß, lose	28,4	-	10,6	61,0	24,1	11,6	46,2
Türkei, weiß, Kammzug	42,6	-	10,3	64,3	21,8	11,0	47,5
Türkei, schwarz, lose	43,6	-	11,7	62,1	11,3	9,8	39,2
Türkei, braun, lose	44,5	-	11,6	64,3	13,5	10,2	38,4
Südafrika, A weiß, lose	32,8	11,5	10,7	44,2	17,4	7,4	40,7
Südafrika, B weiß, lose	33,8	13,2	10,8	60,4	13,9	9,5	41,0
Südafrika, C weiß, lose	33,6	11,9	10,5	59,4	22,7	11,9	40,8
Südafrika, D weiß, lose	33,2	11,2	10,2	50,5	27,0	12,6	42,4
Südafrika, E weiß, lose	36,1	10,5	10,9	57,6	13,8	6,2	38,4
Südafrika, F weiß, lose	36,7	9,7	10,6	44,8	10,8	6,0	41,5
Südafrika, G weiß, lose	40,1	11,2	10,7	50,5	9,4	4,0	40,5
Südafrika, H weiß, lose	39,6	12,5	10,4	63,6	10,3	6,8	39,5

Wenn wir uns hierzu die in der Tab. 3 dargestellten Kennzahlen von Mohair verschiedener Provenienz und Farbe ansehen, so finden wir bei den Löslichkeiten doch merkliche Unterschiede und zwar nicht nur von Land zu Land, sondern auch innerhalb einer Provenienz. Dies gilt sowohl für die Alkali- und Säurelöslichkeiten, als auch für die HBL-Zahl (Harnstoffbisulfitlöslichkeit), während der Cystingehalt relativ geringen Schwankungen unterworfen ist. Diese Ergebnisse sind nicht überraschend, da die Löslichkeiten durch zahlreiche Faktoren, wie Fütterungs- und Umweltbedingungen (Klima) merklich verändert werden können. Hinzu kommen die Einflüsse bei der Lagerung im Schweiß, sowie der Wäsche. Im Gegensatz hierzu findet man bei den rein physikalischen Werten weit geringere Schwankungen. Wahrscheinlich reagieren die chemischen Teste sehr empfindlich auf Veränderungen bzw. Schädigungen an der Faser.

Unter Berücksichtigung aller hier besprochener Ergebnisse müßte man bei der Sortierung und Klassierung nachfolgende Eigenschaften wie

Farbe, Glanz und Weichheit,
Feinheit,
Länge und den
Zeitpunkt der Schur

berücksichtigen, die nach wie vor visuell erfaßt werden. Von den chemischen Kennzahlen würde sich der Cystingehalt und als Löslichkeit vor allem die HBL-Zahl eignen. Dies gilt vor allem, wenn das Mohair chemischen Behandlungen ausgesetzt wurde. In der nachfolgenden Tab. 4 haben wir statistisch gesicherte Werte wichtiger chemischer und physikalischer Kennzahlen zusammengestellt.

Tab. 4: Statistisch gesicherte Kennzahlen von Mohair (16)

Kennzahl	Mittelwerte u. Vertrauensbereich+) in %
Alkalilöslichkeit (0,1n NaOH) in %	15,1 ∓ 2,5
Säurelöslichkeit in 4,5n HCl in %	10,2 ∓ 1,8
Harnstoff-Bisulfit-Löslichkeit in %	58,5 ∓ 4,2
Cystingehalt in %	10,7 ∓ 0,5
Wasserrückhaltevermögen (Quellung) in %	39,6 ∓ 2,1
Sorption in %	14,0 ∓ 0,3

+) Vertrauensbereich mit 95 % gesichert

Diese Kennzahlen können jederzeit als Hilfe bei der Klassierung verwendet werden.

3.1.2 Kamel, Kaschmir, Alpaka

Alle 3 Tierwollen sind von hoher Qualität und weisen ein geringes Aufkommen auf, was sich natürlich im Preis sehr bemerkbar macht. Bei Kamelhaar handelt es sich um das Haar des einhöckerigen (Dromedar) und des zweihöckerigen Kamels. Das Haar des letzteren ist normalerweise feiner und länger als das des Dromedars. Wir unterscheiden hier das feine

Unterhaar und das grobe und steife Grannen- und Leithaar, das, sofern es überhaupt verwendet wird, sich lediglich für grobe Garne eignet. Die beste Kamelwolle kommt aus Asien (China, Mongolei), Anatolien und Persien. Sie ist von charakteristisch rötlich-gelber bis brauner Farbe. Auch schwarzes Kamelhaar ist bekannt. (17)

Alpaka ist das Haar einer Lamaart, die in den Anden als Haustier gehalten wird. Es kommt in vielen Farben, wie weiß, braun, meliert oder schwarz, vor, ist kaum gekräuselt, seidig glänzend und weich wie Kamelhaar. Kaschmirwolle ist besonders fein, weich und glänzend. Sie wird vor allem für Strickwaren höchster Qualität verarbeitet. Gewonnen werden alle drei Tierwollen vom lebenden Tier durch Scheren, Rupfen oder Auskämmen.

Die Sortierung erfolgt zumeist nach der Farbe und Feinheit, die Klassierung unter Berücksichtigung des Ausfuhrhafens bzw. des Herkunftslandes. Alpaka klassiert man z. B. nach dem Namen des Ausfuhrhafens, wie folgt: (18)

Primera Arequipa	sehr feine Vliese
Primera Callao	feine Vliese
Primera Tacna	feine Vliese
Segunda Arequipa	2. Arequipa-Qualität
Segunda Callao	2. Callao-Qualität (zumeist Stücke und Locken)

Bei Kaschmir klassiert man vorwiegend nach der Feinheit. Hier kommen die besten Qualitäten aus China und der Mongolei.

14,5-16 Mikron	China
14,5-16 Mikron	Mongolei
14,5-16 Mikron	Indien
16,0-17 Mikron	Türkei
16,5-17,5 Mikron	Afghanistan
17,5-19,0 Mikron	Persien

Wenn wir uns nun die chemischen und physikalischen Kennzahlen dieser Tierhaare ansehen (vgl. Tab. 5) (19), so finden wir nicht nur von Tierart zu Tierart merkliche Unterschiede, sondern auch innerhalb derselben Tierart. Diese Unterschiede sind nicht verwunderlich, da hier eine Vielzahl von Faktoren, wie Klima, Ernährung, Jahreszeit der Gewinnung als auch chemische Behandlungen mitwirken. Auf alle diese Einflüsse reagieren die chemischen Kennzahlen besonders empfindlich, während die physikalischen Kennzahlen hier nicht so empfindlich reagieren. Deutliche Unterschiede findet man auch bei den mittleren Faserlängen sowie der mittleren Feinheit.

Unter der Berücksichtigung dieser Unterlagen sollte man zur Sortierung und Klassierung der vorliegenden Tierhaare nachfolgende Merkmale zugrunde legen:

Feinheit,
Länge,
Farbe, Grannengehalt.

Tab. 5: Chemische und physikalische Kennzahlen von Kamelhaar, Kaschmir und Alpaka

Qualitätsbezeichnung	Provenienz	Quellung in %	Sorption in %	Mittl. Häufigkeitsstapel in mm	Feinheit in Mikron	Alkalilöslichkeit in %	Säurelöslichkeit in %	HBL-Zahl in %	Cystingehalt in %
Kaschmir, weiß, gewaschen	Mongolei	47,1	13,7	15,9	14,4	11,9	11,8	43,4	11,6
Kaschmir, grau, roh	China	48,0	13,2	14,1	14,2	17,9	23,4	56,5	12,0
Alpaka, grob	Peru	44,0	14,2	37,9	36,6	7,1	10,1	46,8	12,2
Alpaka Lama	Peru	43,2	13,9	28,1	21,7	10,9	7,5	56,5	12,7
Alpaka, 1. fleece	Peru	42,3	13,5	46,4	27,5	13,4	7,1	58,2	12,9
Kamelhaar, unsortiert	Mongolei	46,5	13,9	43,0	18,9	13,5	15,4	51,5	10,6
Kamelhaar I, roh	China	46,5	13,9	18,8	16,4	16,9	19,3	37,9	10,3
Kamelhaar I, gewaschen	China	57,5	13,4	22,1	16,2	9,7	12,9	36,5	11,1
Kamelhaar, grob	Indien	68,2	13,9	18,7	39,7	10,5	10,8	37,9	10,9
Kamelhaar	Afghanistan	57,5	13,4	15,6	20,2	16,6	19,8	41,5	10,4

Tab. 6: Chemische und physikalische Kennzahlen von Angorakaninhaar

Qualitätsbezeichnung	Provenienz	Quellung in %	Sorption in %	Stapel +) in mm	Feinheit in Mikron	Cystin in %	Alkalilöslichkeit	Säurelöslichkeit in %	HBL-Zahl in %
Prima, rein weiß	CSSR	51,5	13,9	52,9	12,5	13,7	7,1	6,1	63,5
Seconda, rein weiß	CSSR	53,5	13,9	31,5	12,3	13,5	7,0	5,0	60,1
Tercia, rein weiß	CSSR	54,5	13,8	16,6	12,0	13,5	7,9	6,4	65,5
Tercia, weiß, leicht verfilzt u. verunreinigt	CSSR	56,5	13,9	20,8	12,4	13,3	9,3	7,9	66,5
Quinta, weiß, stärker verfilzt u. verunreinigt	CSSR	54,5	13,8	14,2	12,6	13,6	10,2	7,4	65,4
Super choix	Frankreich	55,0	13,8	31,0	12,4	13,5	10,0	6,8	61,0
Premier choix	Frankreich	52,5	13,9	26,5	12,6	13,1	11,5	10,5	63,2
tout venant	Frankreich	62,5	13,7	16,2	13,6	13,2	11,5	10,9	69,4
Qualität I	Argentinien	45,5	13,7	28,3	14,6	13,8	8,1	4,5	67,5
Qualität II	Argentinien	45,0	13,8	18,5	13,8	13,6	9,3	7,5	63,4
Qualität AB	Japan	50,5	13,4	27,1	12,1	13,7	7,8	6,6	66,1
Qualität B	Japan	50,5	13,5	23,9	13,0	13,4	8,6	7,8	61,5
Qualität 95 %	China	56,0	13,5	19,8	12,2	13,5	9,2	8,3	66,5
Qualität I	Deutschland	52,5	13,8	34,4	12,3	13,6	8,3	9,7	68,0

Da diese Haare ausschließlich versponnen werden, spielt die Erfassung der Faserschädigung nach chemischen Behandlungen, wie sie die Wäsche darstellt, eine wichtige Rolle. Hier würden sich vor allem die Harnstoff-Bisulfit-Löslichkeit (HBL-Zahl) als auch die Alkalilöslichkeit einschließlich der Bestimmung des pH-Wertes des wäßrigen Auszuges eignen, und es wäre zu prüfen, ob man diese Werte beim Verkauf nicht mitberücksichtigt.

3.1.3 Angorakanin

Angorakanin ist ein begehrter Textilrohstoff. Hierfür ist vor allem das hohe Wärmeleitvermögen und das geringe spezifische Gewicht von nur 1,1 g/cm^3 verantwortlich. (20)

Das Haar selbst ist rein weiß, gekräuselt und weich. Es wird vom lebenden Tier durch Rupfen, Scheren oder Auskämmen gewonnen. Für Angorakanin gibt es eine Klassierung, die als DIN-Norm vorliegt (21). Danach gibt es 3 Klassen und 2 Unterklassen. Der Klassierung zugrunde liegt die Faserlänge und der Zustand der Faser, ob offen oder verfilzt.

Klasse 1	rein weiß, vollkommen sauber, unverworren mindestens 6 cm lang
Klasse 2	rein weiß, vollkommen sauber, unverworren unter 6 cm, jedoch mindestens 3 cm lang
Klasse 3	rein weiß, vollkommen sauber, unverworren weniger als 3 cm lang
Filz 1	rein weiß, vollkommen sauber, verfilzt, verworren
Filz 2	weiß, verfilzt, verworren, verunreinigt und/oder mit Fremdkörpern durchsetzt

Die wichtigsten Erzeugerländer halten sich in etwa an diese Klassierung, da sie sich recht gut bewährt hat. Eigene Untersuchungen haben ergeben (vgl. Tab. 6), daß die einzelnen Provenienzen sich in ihren chemischen und physikalischen Kennzahlen nicht allzu sehr unterscheiden. Größere Unterschiede werden hauptsächlich in der Faserlänge gefunden, was nicht verwunderlich ist, da dieses Merkmal zur Klassierung herangezogen wird. Dies gilt auch für den Grannengehalt, den Anteil an verfilzten Haaren und möglichen Verunreinigungen (hauptsächlich Kot und pflanzliche Bestandteile, wie Stroh). Was die Feinheit anbelangt, so sind die europäischen Haare sehr ähnlich. Etwas gröber scheinen vor allem die aus Argentinien stammenden Haare zu sein.

Bei der bisher üblichen Klassierung sollte man u. E. dem Anteil an Grannen und Leithaaren stärker beachten, da ein zu hoher Anteil die Qualität des Loses merklich herabsetzen kann. Abschließend seien zur besseren Übersicht noch die wichtigsten Kennzahlen der an 24 verschiedenen Proben erhaltenen chemischen und physikalischen Werte zusammengestellt. Hieraus läßt sich ersehen, welche zusätzlichen Eigenschaften bei der Klassierung mitberücksichtigt werden sollten (vgl. Tab. 7).

Tab. 7: Chemisch-physikalische Kennzahlen von Angorakanin

Kennzahl, Eigenschaft	Mittelwert mit Vertrauensbereich S = 95 %	Variationskoeffizient
Cystingehalt in %	13,57 ∓ 0,11	1,5
Alkalilöslichkeit (0, 1n NaOH) %	8,99 ∓ 0,83	16,0
Säurelöslichkeit (4, 5n HCl) %	7,52 ∓ 1,10	25,0
Harnstoff-Bisulfit-Löslichkeit % HBL-Zahl	65,32 ∓ 1,60	4,2
Sorption bei 65 % rel. Luftfeuchtigkeit, 20°	13,74 ∓ 0,10	1,2
Wasserrückhaltevermögen % (Quellung)	52,9 ∓ 2,56	8,4
Mittlere Feinheit in Mikron	12,83 ∓ 0,42	5,7
Zugfestigkeit in kg/mm^2		
trocken	19,9 ∓ 1,43	12,4
naß	17,8 ∓ 1,11	10,8
Reißdehnung in %		
trocken	33,1 ∓ 0,97	5,0
naß	45,9 ∓ 0,62	2,0

Der Fettgehalt der Angorakaninhaare liegt normalerweise zwischen 0,8 - 1,2 %, der Anteil an pflanzlichen Verunreinigungen maximal bis 1 %. (22)

3.1.4 Rohstoffe für die Haarhutindustrie

Als Ausgangsmaterial für die Haarhuterzeugung dienen nur tierische Haare. Hierbei handelt es sich in erster Linie um

Hasenhaar,
Wildkanin und
Zahmkanin.

Biber- und Bisamhaar spielen heute praktisch keine Rolle mehr, so daß wir auf eine Besprechung dieser Haare verzichten.

Die Qualität des Haares hängt vom Alter der Tiere und vor allem der Jahreszeit der Ernte der Felle ab. Es ist daher nicht gleichgültig, ob das Haar von einem Winter-, Herbst- oder Sommerfell gewonnen wird. So ist das Winterfell des Hasen und des Wildkanins zum Schutz gegen die rauhe Witterung besonders dicht und elastisch, das Sommerfell dagegen weit dünner und schütterer behaart und daher auch von geringerer Qualität. Beim Zahm- oder Hauskanin spielt die Zeit der Schlachtung eine weit geringere Rolle. Die Tiere sollten jedoch voll ausgewachsen sein.

Die besten Hasenfelle kommen aus osteuropäischen Ländern, wie Rußland, Polen und Böhmen. Aber auch aus mitteleuropäischen Ländern werden gute Felle aufgebracht (Bayerische Hasen). Bei Wildkanin kommen die besten Felle aus Schottland und England, die meisten jedoch aus Australien, die aber eine geringere Qualität aufweisen. Zahmkaninfelle werden in allen europäischen Ländern aufgebracht. Die besten kommen aus West- und Mitteleuropa, während die aus Südeuropa von geringerer Qualität sind.

Die durch Schneiden von den Fellen gewonnenen Haare werden international wie folgt klassiert: (23)

Hasenhaar	
Arete Couronne	Kronrücken, Rückenhaar besonders guter Winterfelle
Arete pur des noir	Schwarzrücken, Rückenhaar von guten Winterfellen
Arete I H xx	Rückenhaar von Übergangsfellen
Arete I H x	Rückenhaar von Herbstfellen
Arete Moyenne	gutes Durchschnittshaar
Arete Petit	Rückenhaar vom Sommerfell
Arete Petit Tlp	Haar vom ganzen Sommerfell
A Cotes de Lièvres	Seitenhaar von Hasenfellen
Ventres de Lièvres	Bauchhaar von Hasenfellen

Wildkaninhaar	
NPU	bestes Rückenhaar von besonders guten Winterfellen
BCB ks	bestes Rückenhaar von guten Winterfellen
BCB ks pur dos	Rückenhaar von Winterfellen
BCB ks tlp	das gesamte Haar von Winterfellen
BCB pur dos	Rückenhaar von Übergangsfellen (Herbst/Winter)
BCB tlp	das gesamte Haar von Übergangsfellen (Herbst/Winter)
CB pur dos	Rückenhaar von Sommerfellen
CB tlp	das gesamte Haar von Sommerfellen
A Cotes de Garennes	Seitenhaar von Wildkanin
Ventres de Garennes	Bauchhaar von Wildkanin

Zahmkanin	
Blanc pur dos	Rückenhaar von Weißkanin
Blanc tlp	das gesamte Haar des Weißkanins
Nankin pur dos	Rückenhaar von Nankinfellen
Nankin tlp	das gesamte Haar von Nankinfellen
Clapier pur dos	Rückenhaar von besonders gutem Graukanin
Clapier tlp	das gesamte Haar von Graukanin
Cendré pur dos	Rückenhaar von hellen Graukaninfellen
Cendré tlp	das gesamte Haar von hellen Graukaninfellen
Petit bon gris	Haar von guten Graukaninfellen
Petit bon gris extra	Haar von ausgesuchten Graukaninfellen
Bariolé clair pur dos	Rückenhaar von hellen Schecken
Bariolé normal extra	Haar von hellen Schecken
Bariolé normal foncé	Haar von dunklen Schecken
Noir et Jardinier	dunkles Graukaninhaar
Noir Haa	Haar von Schwarzkaninfellen
Ventres de Lapins	Bauchhaar von Graukaninfellen

Diese Klassierung ist heute jedoch nicht mehr aufrechtzuhalten, vor allem was das Wildkanin anbelangt. Aber auch bei Hase und Zahmkanin sind

Änderungen erforderlich. Um hier zu Verbesserungen und zu Vereinfachungen zu kommen, wurden zunächst einmal die chemisch-physikalischen Kennzahlen untersucht (24). Wie die in den Tab. 8 bis 10 dargestellten Werte an rohem Haar zeigen, bestehen Unterschiede zwischen Sommer- und Winterware einerseits und zwischen Hasen- und Kaninhaar andererseits. (vgl. Tab. 8). So weist Hasenhaar höhere Cystinwerte, höhere Harnstoff-Bisulfit-Löslichkeiten und höhere Feuchtigkeitsaufnahmen bei Normbedingungen auf, während das Wasserrückhaltevermögen, die Alkali- und Säurelöslichkeiten verglichen mit Kaninhaar niedriger liegen. Zwischen Zahm- und Wildkanin sind die Unterschiede dagegen gering. Für Sommerware liegen die Werte grundsätzlich höher, verglichen mit Winterware. Auch bei den physikalischen Kennzahlen bestehen Unterschiede, wie die Tab. 8 zeigt. So ist Hasenhaar viel feiner als Kaninhaar, während Wildkanin etwa dazwischen liegt. Auch die Zugfestigkeiten sowie die dazu gehörigen Dehnungswerte liegen bei Hasenhaar höher, verglichen mit Wild- und Zahmkanin. Ähnlich verhalten sich auch die mittleren Faserlängen, ausgenommen die Rückenqualitäten bei Zahmkaninhaar. Letzteres ist merklich länger, verglichen mit den tlp-Qualitäten, bei denen das Haar vom ganzen Fell (Rücken, Seiten und Bauch) beurteilt wird, das im Mittel bei 13 bis 17 mm liegt. Reines Rückenhaar erreicht Längen von 17 bis 21 mm im Mittel.

Vergleicht man Sommer- und Winterware miteinander, so findet man für die Sommerware ein besseres Filz- und Walkvermögen, zumeist höhere Feinheiten und einen merklich kürzeren Mittelstapel. Bei den wildlebenden Tieren zeigt das Sommerhaar außerdem deutlich geringere Festigkeiten verbunden mit einer niedrigeren Elastizität.

Die Tab. 9 und 10 geben den Mittelwert mit Vertrauensbereich, die Standardabweichung und den Variationskoeffizienten von Alkali- und Säurelöslichkeit an gebeizten Haarqualitäten an (Tab. 9). Die entsprechenden Werte für Feinheit, Stapellänge und Kurzfaseranteil zeigt die Tab. 10. Wenn wir nun diese Daten im Zusammenhang mit der bisher üblichen Klassierung betrachten, läßt sich eine neue Klassierung aufbauen. In der Tab. 11 haben wir einen entsprechenden Vorschlag gemacht, der für die fertigen, gebeizten Haare gilt. Unsere bisherigen auf dieser Basis durchgeführten Untersuchungen haben ergeben, daß diese Klassierung sinnvoll ist und auch heute eingehalten werden kann. Sie führt für den Huthersteller zu weitgehend optimalen Ergebnissen, vor allem durch den Einbau der chemischen Kennzahlen. So ist denn auch die Einführung von Zertifikaten bei den wichtigsten Haarqualitäten geplant, bei denen die Einhaltung der in Tab. 11 gegebenen Qualitätsmerkmale garantiert wird. Die Einführung eines Zertifikates ist zunächst nur in der Bundesrepublik Deutschland vorgesehen.

3.2 Grobe Tierkörperhaare

Die industrielle Verwendung dieser Haare gründet sich in der Hauptsache einerseits auf die Spinnbarkeit, andererseits auf die Filz- und Walkfähigkeit. Die höheren Anforderungen stellt im allgemeinen der Spinner. Dies gilt vor allem in Bezug auf die Länge des Haares und den Erhalt der Haarstruktur. Eine stärkere Schädigung des Haares vermindert nicht nur deren Spinnbarkeit, sondern auch die Qualität des erzeugten Haargarnes.

Tab. 8: Chemische und physikalische Kennzahlen roher Kanin- u. Hasenhaare

Tierhaarart	Quellung in %	Sorption bei 65 % r. h.	Filzkugel Ø in mm	Feinheit in Mikron	mittl. Häufigkeitsstapel in mm	Alkalilöslichkeit 0, 025n NaOH	Säurelöslichkeit 0, 6n HCl	HBL-Zahl in %	Cystin in %
Winterhase	58-61	13, 6	24-25	11, 8-12, 6	14, 4-16, 6	12, 2-14, 5	7, 0- 7, 6	60-61	14, 2
Herbsthase	60-63	13, 5	23-24	11, 8-12, 2	14, 5-15, 5	13, 0-15, 0	8, 5- 9, 5	63-65	14, 1
Sommerhase	64-66	13, 8	23-24	11, 2-11, 9	11, 5-13, 0	14, 5-17, 0	9, 1-10, 5	64-65	13, 9
Wildkanin BCB tlp (Winter)	68-70	13, 3	24-25	13, 0-13, 6	10, 5-15, 5	13, 5-15, 0	12, 0-13, 0	55-58	11, 6
Wildkanin Sommerware	78-80	12, 9	23-24	13, 0-13, 4	10, 6-12, 6	18, 0-20, 5	13, 0-15, 0	52-55	11, 2
Zahmkanin Petit bon	75-77	12, 8	23-25	13, 3-14, 0	13, 5-14, 5	14, 5-16, 5	13, 0-15, 0	58-60	11, 4
Zahmkanin Grau tlp	72-75	13, 0	24-25	13, 6-14, 1	12, 8-15, 6	14, 0-16, 0	13, 5-15, 0	56-58	11, 5
Zahmkanin Grau XX	70-72	13, 2	24-25	13, 6-14, 4	16, 2-20, 5	11, 2-13, 5	11, 4-12, 5	50-52	11, 7
Zahmkanin Weiß tlp	73-76	13, 5	25-26	13, 6-14, 4	15, 0-17, 5	13, 5-16, 0	12, 2-13, 8	58-60	11, 6
Zahmkanin Schwarz tlp	70-73	13, 5	24-25	13, 6-14, 5	15, 2-16, 8	12, 2-14, 0	11, 5-12, 5	56-59	11, 7
Zahmkanin Nankin tlp	72-73	13, 5	24-25	13, 7-14, 2	13, 8-16, 7	12, 2-14, 0	11, 5-12, 8	56-60	11, 5

Tab. 9: Säure- und Alkalilöslichkeiten der wichtigsten Hasen-Kaninhaarqualitäten (gebeizt) mit Vertrauensbereich, Standardabweichung und Variationskoeffizient

Haarqualität	Alkalilöslichkeit in 0, 025n NaOH in %			Säurelöslichkeit in 0, 6n HCl in %		
	Mittelwert s = 95 %	Standardabweichung ∓	Variationskoeffizient %	Mittelwert s = 95 %	Standardabweichung ∓	Variationskoeffizient %
Winterrücken	38,12 ∓ 1,9	6,0	15,7	18,6 ∓ 0,4	1,4	7,3
IH xx tlp	34,3 ∓ 2,0	6,9	20,3	17,9 ∓ 1,3	4,8	25,8
Herbstrücken	39,9 ∓ 3,1	6,5	16,2	20,8 ∓ 1,8	3,7	17,8
Sommerhase	37,4 ∓ 11,2	11,5	30,6	21,9 ∓ 10,7	11,0	50,2
Wildkanin BCB tlp (Winter)	34,8 ∓ 1,1	3,3	9,6	23,4 ∓ 1,0	3,2	13,5
Zahmkanin reiner Rücken	36,9 ∓ 1,6	4,8	12,9	21,7 ∓ 0,8	2,3	10,7
Zahmkanin Grau tlp	38,3 ∓ 1,2	3,7	9,5	23,6 ∓ 0,7	2,2	9,3
Zahmkanin Weiß tlp	37,9 ∓ 1,5	4,4	11,7	21,9 ∓ 0,8	2,4	10,9
Zahmkanin Bariolé très clair	40,1 ∓ 1,7	4,7	11,8	23,9 ∓ 0,8	2,1	8,9
Zahmkanin Bariolé normal	38,5 ∓ 1,7	4,7	12,2	22,5 ∓ 1,0	2,7	12,0
Zahmkanin Nankin tlp	37,0 ∓ 1,5	4,4	11,8	22,3 ∓ 0,7	2,1	9,4
Zahmkanin Cendré tlp	33,1 ∓ 2,8	5,7	17,6	20,5 ∓ 2,0	4,0	19,4
Zahmkanin Chinchilla tlp	38,2 ∓ 1,6	4,3	11,3	21,6 ∓ 0,8	2,3	10,4
Zahmkanin Schwarz tlp	35,8 ∓ 1,2	3,5	9,9	21,9 ∓ 0,7	2,1	9,7
Petit bon	36,3 ∓ 1,2	3,6	9,9	23,6 ∓ 0,8	2,3	9,7
PCTC (alle Farben)	36,3 ∓ 1,4	3,6	9,8	24,1 ∓ 0,9	2,2	9,3

Tab. 10: Stapellänge, Kurzfaseranteil und Feinheit der wichtigsten gebeizten Kanin- und Hasenhaarqualitäten mit Vertrauensbereich und Variationskoeffizient

Haarqualität	Häufigkeitsstapel mit Vertrauensbereich	Kurzfaseranteil	Variations-koeffizient	Feinheit mit Vertrauensbereich	Variations-koeffizient
IH xx pur dos	15,2 ∓ 0,9	8,2 ∓ 1,7	5,6	12,1 ∓ 0,2	1,8
Sommerrücken	12,2 ∓ 0,9	15,6 ∓ 2,2	7,5	11,5 ∓ 0,3	2,2
Herbstrücken	15,1 ∓ 0,8	6,6 ∓ 1,1	5,0	11,9 ∓ 0,2	1,9
Winterrücken	16,0 ∓ 0,8	5,3 ∓ 1,0	5,1	12,1 ∓ 0,3	2,5
Wildkanin Winterware	12,8 ∓ 1,1	15,2 ∓ 2,0	8,7	13,4 ∓ 0,4	2,6
Zahmkanin Petit bon	14,2 ∓ 1,4	15,9 ∓ 2,5	9,7	13,7 ∓ 0,3	2,0
PCTC (alle Farben)	12,7 ∓ 1,1	21,4 ∓ 3,0	8,6	-	-
Graukanin tlp	13,9 ∓ 1,0	14,4 ∓ 1,0	6,9	13,7 ∓ 0,2	1,8
Grau XX (reiner Rücken)	17,3 ∓ 1,4	7,7 ∓ 1,0	8,3	14,1 ∓ 0,3	2,2
Chinchilla/Cendrè tlp	15,2 ∓ 1,2	12,3 ∓ 2,0	7,9	13,8 ∓ 0,3	1,9
Jardinier/Schwarz tlp	15,2 ∓ 1,0	11,2 ∓ 1,6	8,2	13,9 ∓ 0,2	1,5
Nankin tlp	15,2 ∓ 0,9	10,7 ∓ 1,5	5,9	14,0 ∓ 0,3	1,7
Bariolè très clair	15,0 ∓ 1,2	12,1 ∓ 2,0	8,3	13,7 ∓ 0,2	1,4
Bariolè normal tlp	15,2 ∓ 1,1	12,3 ∓ 1,9	7,0	13,7 ∓ 0,2	1,7
Weiß tlp	15,6 ∓ 1,3	12,3 ∓ 2,0	8,6	13,7 ∓ 0,3	2,3

Tab. 11: Klassierung der wichtigsten Hutstoffe

Qualitätsbezeichnung	Charakter	Provenienz	Alkalilöslichkeit in %	Säurelöslichkeit in %
Hasenhaarqualitäten				
Kronrück (ohne weiße u. blaue Seite)	beste Winterfelle	europäisch	25-28	10-13
Schwarzrück (mit weißer Seite)	beste Winterfelle	europäisch	25-30	10-13
IH xx pur dos	gute Winterfelle	europ. /nicht europ.	26-32	12-15
IH xx tlp	gute Winterfelle	europ. /nicht europ.	28-35	12-16
IH x pur dos	gute Herbstfelle	europ. /nicht europ.	28-36	13-18
IH x tlp	gute Herbstfelle	europ. /nicht europ.	30-38	14-20
IH tlp (Sommerhase)	Sommerfelle	europ. /nicht europ.	32-40	16-22
Hasenbauch	-	europ. /nicht europ.	35-45	16-24
Schneehase in pur dos u. tlp	Winterfelle	Kanada, Norddakota	28-36	12-20
Wildkaninqualitäten				
BCB ks (ohne Bauch u. Seiten)	ausgesuchte, beste Winterfelle	europäisch	30-36	18-22
BCB tlp (mit Bauch u. Seiten)	gute Winterfelle	europ. /nicht europ.	32-38	20-24
CB tlp	Sommerfelle u. Übergänger	europ. /nicht europ.	36-45	22-26
Zahmkaninqualitäten				
Clapier pur dos +) (reiner Rücken)	beste Winterfelle	West/Mitteleuropa	32-36	18-22
Petit bon tlp +)	Winterfelle u. Übergänger	West/Mitteleuropa	35-42	20-25
PCTC (kleine Felle aller Farben)	Sommerfelle u. Übergänger	West/Mitteleuropa	36-42	20-25

+) Diese Qualitäten werden in den Farben Weiß, Biariolé très clair, clair ++), Nankin, Bariolé normal, Grau und Schwarz geliefert

++) ohne Schwarzanteil, demi-clair mit 10 - 15 % Schwarzanteil

Tab. 12: Chemische und physikalische Kennzahlen an Rinder- und Kälberhaar

Tierart	Herkunftsland	Feinheit in Mikron	Mittelstapel in mm	Kurzfaseranteil %[+)]	Filz- u. Walkvermögen	Alkalilöslichkeit %	Cystingeh. in %	HBL-Zahl in %
Rinderhaar, h'bunt	Europa	44,7	8,2	69,1	walkfähig	6,8	5,1	0,7
Rinderhaar, h'bunt	Europa	41,8	12,6	44,1	walkfähig	5,9	5,4	1,0
Rinderhaar, d'bunt	Europa	44,2	14,1	38,2	walkfähig	5,5	4,8	1,2
Rinderhaar, bunt	Europa	42,8	15,5	38,4	walkfähig	6,8	5,4	1,2
Rinderhaar, weiß	Europa	47,2	17,4	32,3	walkfähig	6,2	5,1	0,9
Kuhhaar, bunt	Europa	47,1	17,1	32,8	walkfähig	4,8	4,3	0,8
Kuhhaar, bunt	Europa	46,4	17,7	30,2	walkfähig	5,3	4,8	0,7
Kuhhaar, bunt	Europa	51,6	15,3	28,5	walkfähig	5,6	5,0	0,4
Kuhhaar, bunt	USA	47,3	17,7	37,5	walkfähig	5,5	4,8	0,8
Kälberhaar, bunt	Europa	39,6	9,8	61,7	walkfähig	8,4	3,7	1,0
Kälberhaar, weiß	Europa	47,3	12,2	43,5	walkfähig	5,3	3,8	0,7
Kälberhaar, bunt	USA	46,3	12,0	51,4	walkfähig	6,4	4,1	1,2
Kälberhaar, blond	USA	38,5	13,4	36,5	walkfähig	6,8	3,8	1,0
Kälberhaar geschwödet								
hell	Europa	46,3	11,8	43,0	nur filzfähig	11,1	10,5	4,6
dunkel	Europa	45,9	11,6	44,2	nur filzfähig	9,8	10,4	4,0
bunt	Europa	43,7	14,6	37,4	nur filzfähig	8,9	10,1	4,8

+) Anteil der Fasern unter 10 mm. Alle walkfähigen Haare wurden durch Äschern gewonnen

Der Filzmacher verlangt dagegen in erster Linie ein Haar mit guter Filzfähigkeit und möglichst guter Walkfähigkeit, sofern Walkfilze hergestellt werden sollen. Haarlänge, Farbe und eine mögliche Schädigung sind nicht so entscheidend, wie beim Spinner. Eine Klassierung im strengen Sinn ist bei diesen Haaren nicht bekannt. Man sortiert normalerweise nach der Farbe, der Tierart, dem Herkunftsland und der Art der Gewinnung der Haare.

Ausführliche Untersuchungen haben sich mit den chemischen und physikalischen Eigenschaften dieser Haare befaßt (25), um hier zusätzliche Gesichtspunkte für die Klassierung zu erhalten. Da es sich fast ausschließlich um chemisch gewonnene Haare handelt, ist die Kenntnis der chemischen und physikalischen Eigenschaften für die weitere Verarbeitung besonders wichtig. Diese Eigenschaften sollten nun schon bereits bei der Klassierung mit berücksichtigt werden, zumal man sich auf wenige Eigenschaften beschränken kann. Hierzu zählen:

Länge und Kurzfaseranteil,
Filz- und Walkvermögen,
Farbe und mögliche Haarschädigung.

3.2.1 Rinder- und Kälberhaar

Wenn wir zunächst einmal die Kälber- und Rinds(Kuh)haare betrachten, so handelt es sich immer um chemisch gewonnene Haare, die relativ kurz sind und in ihrer Feinheit nur wenig um einen Mittelwert schwanken. Auch scheint die Provenienz, d.h. das Herkunftsland keinen gravierenden Einfluß auf die wichtigsten verarbeitungstechnischen Eigenschaften aufzuweisen, wie die vorliegenden Daten der Tab. 12 zeigen. Außerdem ist der Verschmutzungsgrad mit Fremdfasern, Fett usw. relativ gering und für eine Klassierung von untergeordneter Bedeutung.

Unter der Berücksichtigung obiger Qualitätsmerkmale schlagen wir nachfolgende Klassierung vor:

<u>Geäscherte Haare</u>

Klasse 1:	sauber, nicht verfilzt, schonend geäschert, mittlere Haarlänge mindestens 12 mm, Kurzfaseranteil unter 40 %, Cystingehalt nicht unter 5 %
Klasse 2:	sauber, nicht verfilzt, schonend geäschert, mittlere Haarlänge mindestens 10 mm, Kurzfaseranteil unter 50 %, Cystingehalt nicht unter 4 %
Klasse 3:	stärker verschmutzt, leicht verfilzt, stärker geäschert, mittlere Haarlänge mindestens 8 mm

<u>Geschwödete Haare</u>

Klasse 1:	sauber, nicht verfilzt, mittlere Haarlänge mindestens 15 mm, Cystingehalt nicht unter 10 %
Klasse 2:	sauber, nicht verfilzt, mittlere Haarlänge mindestens 12 mm, Cystingehalt nicht unter 10 %
Klasse 3:	sauber, nicht verfilzt, mittlere Haarlänge mindestens 8 mm, Cystingehalt nicht unter 8 %

Tab. 13: Chemische und physikalische Kennzahlen an Ziegenhaaren (26)

Art der Gewinnung	Provenienz	Feinheit in Mikron	Mittelstapel in mm	Festigkeit kg/mm^2	Kurzfaser-anteil in % +)	Alkalilös-lichkeit %	Cystingeh. in %	HBL-Zahl in %
Schurziegenhaare								
weiß	China	61,7	69,6	15,9	4,1	16,2	11,2	43,2
weiß	China	33,4	65,9	15,4	9,0	15,6	11,0	31,2
weiß	Südamerika	44,2	73,9	17,6	8,1	20,3	10,5	44,2
bunt	China	63,6	48,5	15,7	28,1	12,9	10,4	43,6
dunkelbunt	China	53,9	73,9	17,3	8,2	10,9	11,5	55,2
blond	Iran	40,8	78,5	18,2	2,5	16,9	10,5	40,1
schwarz	Iran	72,6	44,9	17,1	30,1	13,5	10,5	44,3
hellgrau	Mongolei	65,8	83,1	14,8	10,9	17,1	9,8	43,2
hellgrau	Mongolei	46,4	51,2	15,2	15,6	16,8	9,4	32,6
schwarz	Indien	47,2	56,3	18,7	8,7	10,8	11,6	37,8
bunt	Pakistan	68,1	57,7	16,9	9,1	11,5	11,2	30,6
Schwödhaare								
weiß	China	38,7	47,6	12,8	16,8	10,8	10,9	21,3
weiß	Europa	44,3	60,3	14,2	23,8	9,4	9,8	14,3
bunt	Europa	47,7	48,5	16,8	13,7	8,2	10,6	17,2
Kalkziegenhaare								
weiß	China	39,6	34,8	13,5	21,1	9,7	8,4	5,7
bunt	China	40,4	52,8	16,8	11,7	10,4	6,5	8,8
bunt	China	48,1	29,2	15,8	60,5	8,9	6,4	2,1
schwarz	Iran	65,1	41,4	17,4	36,1	9,6	6,8	7,7
schwarz	Indien	62,1	16,8	9,1	73,7	6,4	4,8	2,1
blond	Iran	44,4	77,1	16,4	3,4	8,2	9,1	7,7
bunt	Nigeria	66,4	29,2	13,8	23,7	12,0	8,2	10,1
bunt	USA	43,1	38,1	10,8	37,1	7,3	3,8	0,9
bunt	Balkan	56,4	49,5	18,5	18,9	7,5	8,2	7,7
bunt	Südamerika	56,4	24,7	11,8	40,0	7,6	8,0	7,9
schwarz	Madras	59,6	21,1	9,1	46,3	7,6	3,4	1,8

+) Anteil unter 10 mm

Diese Klassen können auf Wunsch noch nach Farben sortiert werden, wie weiß, hell- und dunkelbunt sowie braun. Eine derartige Aufteilung ist jedoch unwichtig, von weiß abgesehen, da diese Haare ausschließlich zur Herstellung technischer Filze verwendet werden. Die wichtigsten Eigenschaften sind hier das Filz- und Walkvermögen neben der Haarlänge und der Haarschädigung.

3.2.2 Ziegenhaare

Bei den Ziegenhaaren handelt es sich nur zum Teil um chemisch gewonnene Haare, die wegen ihrer Länge hauptsächlich zur Herstellung von Haargarn verwendet werden. (chem.-physik. Daten siehe Tab. 13). Bei der Sortierung dieser Haare könnte man zunächst wie folgt vorgehen:

Schurziegenhaare	Schwödhaare	Kalkziegenhaare
Farbe	Farbe	Farbe
Länge	Länge	Länge
Kurzfaseranteil	Kurzfaseranteil	Kurzfaseranteil
	Haarschädigung	Haarschädigung
	(Cystingehalt	(Cystingehalt
	Festigkeit)	Festigkeit)
(Feinheit)	(Feinheit)	(Feinheit)

Da hier größere Schwankungen in der Haarfeinheit vorliegen, könnte diese zusätzlich erfaßt werden, was u. E. jedoch nur mittelts technischer Methoden möglich ist, um eine brauchbare Genauigkeit zu erreichen.

Kurzfaseranteil, Faserlänge als auch Haarschädigung spielen für den Spinner eine ausschlaggebende Rolle. Da die Haargarne vielfach gefärbt werden, sollte die Farbe berücksichtigt werden.

Unter der Berücksichtigung aller Daten (vgl. Tab. 13) schlagen wir nachfolgende Klassierung vor:

Klasse 1: Schurhaar, sauber, mittlere Haarlänge über 70 mm, Kurzfaseranteil unter 5 %, Cystingehalt über 10 %
Klasse 2: Schur- oder Schwödhaar, sauber, mittlere Haarlänge über 50 mm, Kurzfaseranteil unter 10 %, Cystingehalt nicht unter 10 %
Klasse 3: Schur- oder Schwödhaar, sauber, mittlere Haarlänge über 30 mm, Kurzfaseranteil nicht über 20 %, Cystingehalt nicht unter 9,5 %
Klasse 4: Kalkhaar, sauber, mittlere Haarlänge über 50 mm, Kurzfaseranteil nicht über 15 %, Cystingehalt nicht unter 8 %
Klasse 5: Kalkhaar, leicht verschmutzt, mittlere Haarlänge über 30 mm, Kurzfaseranteil nicht über 30 %, Cystingehalt mindestens 6 %
Klasse 6: Kalkhaar, stärker verschmutzt, mittlere Haarlänge unter 30 mm, Kurzfaseranteil über 50 %, Cystingehalt unter 6 %

Während die Klassen 1 bis 4 vorwiegend für den Spinner in Frage kommen, dürften die Haare der Klassen 5 und 6 bevorzugt in der Haarfilzindustrie Verwendung finden, da diese Haare normalerweise ein gutes Filz- und Walkvermögen aufweisen.

4. Schlußbetrachtung

Die vorliegenden Untersuchungen sollen Hinweise für eine weiterführende Klassierung und Sortierung der feinen und groben Tierhaare unter Einbeziehung ihrer chemischen und physikalischen Kennzahlen geben. Da heute ohne Kenntnis dieser Kennzahlen eine optimale Verarbeitung in der Industrie immer schwieriger wird, sollte man schon bei der Klassierung versuchen, diese Kennzahlen mit einzubeziehen.

In zahlreichen Tabellen wurden wichtige chemische und physikalische Daten der verschiedenen Tierhaare aufgezeigt. Inwieweit im einzelnen die verarbeitungstechnischen Eigenschaften sich ändern, wenn sich die Kennzahlen ändern, wurde bisher nur für wenige Tierhaare zusammenfassend dargestellt. Im einzelnen handelt es sich um Kanin- und Hasenhaar (27) sowie Wolle (28). Hier konnten echte Relationen gefunden werden. Wir sind sicher, daß sich derartige Relationen auch bei allen Tierhaaren zeigen lassen. Wegen des geringen Aufkommens dieser Tierhaare und ihres speziellen Einsatzgebietes fehlen diese Untersuchungen jedoch bis heute immer noch. Erste Hinweise stammen hier vor allem von Satlow (29) und Fröhlich, die während der letzten Jahre entsprechende Untersuchungen vorgenommen haben.

Wenn es sich im vorliegenden auch bevorzugt um orientierende Versuche handelt, so zeigen die Ergebnisse doch, daß die Klassierung unter Einbeziehung chemischer und physikalischer Kennzahlen möglich ist, zumal dies bei den hier behandelten Tierhaaren wahrscheinlich merklich einfacher ist, verglichen mit Schafwolle.

Bei allen Bestimmungen, die nicht visuell durchgeführt werden, spielt die Probenahme eine entscheidende Rolle. Inwieweit man hier auf die bei der Wolle gemachten Erfahrungen zurückgreifen kann, läßt sich noch nicht sagen. Ohne eine Normung der Probenahme ist die chemisch-physikalische Prüfung jedoch nicht durchführbar.

Die visuelle Prüfung wird auch weiterhin eine wichtige Rolle bei der Klassierung spielen. Hier wird man sich vor allem auf solche Eigenschaften beschränken, die heute noch schwer oder überhaupt nicht meßbar sind, wie Farbe, Glanz, Griff, Aussehen, Art der Verunreinigungen und Klassierung des Züchters.

Bei genügender Einsicht und genügendem Verständnis auf allen Seiten müßte es möglich sein, eine für alle Beteiligten zufriedenstellende Klassierung zu erreichen.

5. Danksagung

Diese Untersuchungen wurden mit Unterstützung des Landesamtes für Forschung, beim Minister für Wissenschaft und Forschung des Landes Nordrhein-Westfalen, Düsseldorf durchgeführt, wofür wir unseren besten Dank aussprechen. Für die Bereitstellung von Probenmaterial danken wir der Hutstoff-Industrie GmbH, Lahr, den Firmen C. Jung u. Co., Frankfurt,

Karl Thiel, Gummersbach und E. Brömme, Rheidt sowie für zahlreiche Hinweise und Diskussionen im Zusammenhang mit der Klassierung von Tierhaaren.

Mein weiterer Dank gilt Frl. A. Elverich und Frau M. Steigenberger für die fleißige Mitarbeit an den vorliegenden Untersuchungen.

(1) Doehner, H. und H. Reumuth, Wollkunde, Paul Parey, Berlin, 2. Aufl. 1964; 539 ff; Deutsches Wollforschungsinstitut, Aachen, Eigenschaften u. Prüfung der Rohstoffe der Wollindustrie, Bd. 31, 1961.
(2) Henning, H.J., Zt. ges. Textilindustrie, 63 (1961), 237-40 u. 388-92.
(3) Zahn, H., H.J. Henning und G. Blankenburg, MTB, 51 (1970), 497-503.
(4) Willich, W., Melliand Textilber., 53 (1972), 496-504.
(5) Krawehl, H., Z. ges. Textilind., 63 (1961), 230-34
Sattler, E., Z. ges. Textilind., 63 (1961), 34-37
Offermann, H., Z. ges. Textilind., 63 (1961), 109-12.
(6) Harris, M. und A. Smith, Americ. Dyestuff Rep. 23 (1936), P 542.
(7) Zahn, H. und H. Würz, Textil-Praxis 8 (1953), 971-74.
(8) Lees, K. und F.F. Elsworth, Int. Wool Text. Res. Conf., Australia 1955, C 363-73.
(9) Zahn, H. und K. Trautmann, Melliand Textilber., 35 (1954), 1069.
(10) vgl. hierzu DIN 53 802.
(11) vgl. hierzu DIN 53 811 u. IWTO - Vorschrift 8/61.
(12) vgl. hierzu DIN 54 278 u. IWTO - Vorschrift 10/62.
(13) vgl. hierzu DIN 53 805.
(14) Blankenburg, G., Z. ges. Textilind., 63 (1961), 78-81; u. G. Blankenburg und H. Zahn, Textil-Praxis, 16 (1961), 223-32.
(15) Güstanin, N. und G. Blankenburg, Z. ges. Textilind., 72 (1970), 783-85; Satlow, G., S. Cieplik und G. Fichtner, Faserforschung u. Technik, 16 (1965), 146; Koch-Satlow, Großes Textillexikon, Deutsche Verlagsanstalt Stuttgart 1965; Fröhlich, H.G., Forschungsbericht des Landes Nordrhein-Westfalen Nr. 2134, 1970.
(16) Fröhlich, H.G., Z. ges. Textilind., 71 (1969), 837-38.
(17) Satlow, G., Faserforschung u. Textiltechnik, 16 (1965), 143-54
Haigh, S.H., J. Text. Inst., 40 (1949), P 794-813; W.J. Onions, Wool, London 1962; H.G. Fröhlich, Forschungsbericht des Landes Nordrhein-Westfalen Nr. 2134, 1970.
(18) Koch-Satlow, Großes Textillexikon, Deutsche Verlagsgesellschaft Stuttgart 1965.
(19) Fröhlich, H.G., Z. ges. Textilind., 71 (1969), 588-89.
(20) Hohls, H.W., Melliand Textilber., 32 (1951), 99-102; H.G. Fröhlich, Forschungsbericht des Landes Nordrhein-Westfalen Nr. 2134, 1970.
(21) vgl. DIN 60 407, Mai 1958.
(22) Fröhlich, H.G., Z. ges. Textilind., 71 (1969), 39-41.
(23) Fischer, G., Fachkunde für das Hutmachergewerbe, Österreichischer Gewerbeverlag, Wien 1970, 15 ff.
(24) Fröhlich, H.G., Forschungsberichte des Landes Nordrhein-Westfalen Nr. 2134, 1970.
(25) l. cit. Nr. 25.
(26) Satlow, G., Z. ges. Textilind., 67 (1965), 943-44. H.G. Fröhlich, Z. ges. Textilind., 71 (1969), 318-20.
(27) Fröhlich, H.G., Textil-Praxis, 12 (1957), 36; Z. ges. Textilind., 58 (1956), 947-59 u. 59 (1957), 202-206.
(28) Satlow, G., Forschungsberichte des Landes Nordrhein-Westfalen, Nr. 1084, 1963.
(29) Satlow, G., Forschungsberichte des Landes Nordrhein-Westfalen, Nr. 1890, 1967 und G. Fröhlich, Forschungsberichte des Landes Nordrhein-Westfalen Nr. 2134, 1970.

Forschungsberichte des Landes Nordrhein-Westfalen

Herausgegeben im Auftrage des Ministerpräsidenten Heinz Kühn
vom Minister für Wissenschaft und Forschung Johannes Rau

Sachgruppenverzeichnis

Acetylen · Schweißtechnik
Acetylene · Welding gracitice
Acétylène · Technique du soudage
Acetileno · Técnica de la soldadura
Ацетилен и техника сварки

Arbeitswissenschaft
Labor science
Science du travail
Trabajo científico
Вопросы трудового процесса

Bau · Steine · Erden
Constructure · Construction material · Soilresearch
Construction · Matériaux de construction · Recherche souterraine
La construcción · Materiales de construcción · Reconocimiento del suelo
Строительство и строительные материалы

Bergbau
Mining
Exploitation des mines
Minería
Горное дело

Biologie
Biology
Biologie
Biologia
Биология

Chemie
Chemistry
Chimie
Quimica
Химия

Druck · Farbe · Papier · Photographie
Printing · Color · Paper · Photography
Imprimerie · Couleur · Papier · Photographie
Artes gráficas · Color · Papel · Fotografía
Типография · Краски · Бумага · Фотография

Eisenverarbeitende Industrie
Metal working industry
Industrie du fer
Industria del hierro
Металлообработывающая промышленность

Elektrotechnik · Optik
Electrotechnology · Optics
Electrotechnique · Optique
Electrotécnica · Optica
Электротехника и оптика

Energiewirtschaft
Power economy
Energie
Energía
Энергетическое хозяйство

Fahrzeugbau · Gasmotoren
Vehicle construction · Engines
Construction de véhicules · Moteurs
Construcción de vehículos · Motores
Производство транспортных средств

Fertigung
Fabrication
Fabrication
Fabricación
Производство

Funktechnik · Astronomie
Radio engineering · Astronomy
Radiotechnique · Astronomie
Radiotécnica · Astronomía
Радиотехника и астрономия

Gaswirtschaft

Gas economy
Gaz
Gas
Газовое хозяйство

Holzbearbeitung

Wood working
Travail du bois
Trabajo de la madera
Деревообработка

Hüttenwesen · Werkstoffkunde

Metallurgy · Materials research
Métallurgie · Matériaux
Metalurgia · Materiales
Металлургия и материаловедение

Kunststoffe

Plastics
Plastiques
Plásticos
Пластмассы

Luftfahrt · Flugwissenschaft

Aeronautics · Aviation
Aéronautique · Aviation
Aeronáutica · Aviación
Авиация

Luftreinhaltung

Air-cleaning
Purification de l'air
Purificación del aire
Очищение воздуха

Maschinenbau

Machinery
Construction mécanique
Construcción de máquinas
Машиностроительство

Mathematik

Mathematics
Mathématiques
Matemáticas
Математика

Medizin · Pharmakologie

Medicine · Pharmacology
Médecine · Pharmacologie
Medicina · Farmacología
Медицина и фармакология

NE-Metalle

Non-ferrous metal
Metal non ferreux
Metal no ferroso
Цветные металлы

Physik

Physics
Physique
Física
Физика

Rationalisierung

Rationalizing
Rationalisation
Racionalización
Рационализация

Schall · Ultraschall

Sound · Ultrasonics
Son · Ultra-son
Sonido · Ultrasónico
Звук и ультразвук

Schiffahrt

Navigation
Navigation
Navegación
Судоходство

Textilforschung

Textile research
Textiles
Textil
Вопросы текстильной промышленности

Turbinen

Turbines
Turbines
Turbinas
Турбины

Verkehr

Traffic
Trafic
Tráfico
Транспорт

Wirtschaftswissenschaften

Political economy
Economie politique
Ciencias económicas
Экономические науки

Einzelverzeichnis der Sachgruppen bitte anfordern

Westdeutscher Verlag · Opladen

567 Opladen/Rhld., Ophovener Straße 1–3, Postfach 1620

www.ingramcontent.com/pod-product-compliance
Ingram Content Group UK Ltd.
Pitfield, Milton Keynes, MK11 3LW, UK
UKHW061700190726
13853UKWH00008B/2310

* 9 7 8 3 5 3 1 0 2 3 0 2 1 *